NOTE

SUR

UN NOUVEAU SPHYGMOGRAPHE

PAR

Le Dr MARAGE

Docteur en Médecine
Licencié ès-sciences physiques
Docteur ès-sciences naturelles
Lauréat de la Faculté de Médecine

PARIS

OLLIER-HENRY, LIBRAIRE-ÉDITEUR

11, 13, Rue de l'Ecole-de-Médecine

1889

NOTE

SUR

UN NOUVEAU SPHYGMOGRAPHE

PAR

Le Dr MARAGE

Docteur en Médecine
Licencié ès-sciences physiques
Docteur ès-sciences naturelles
Lauréat de la Faculté de Médecine

PARIS

OLLIER-HENRY, LIBRAIRE-ÉDITEUR

11, 13, Rue de l'Ecole-de-Médecine

1889

NOTE

SUR

UN NOUVEAU SPHYGMOGRAPHE

I

SPHYGMOGRAPHE

But du sphygmographe.

Tous les sphygmographes se composent essentielle-
ment d'un levier du premier genre; sur la plus petite
branche agit l'artère, qui est plus ou moins compri-
mée ; l'extrémité de la grande branche inscrit sa course
sur une feuille de papier.

On se trouve donc en présence du problème suivant ; une force très faible agissant sur un bras de
levier très petit doit déplacer d'une quantité aussi
grande que possible un bras de levier très long ; autre-
ment dit, on augmente la longueur de la tige inscrivante, tout en lui laissant une grande légèreté, et on
raccourcit autant que possible la branche motrice.

En pratique, tous les appareils construits jusqu'ici
fonctionnent très bien, *jusqu'au moment où l'on veut
prendre le tracé ;* mais la moindre résistance éprouvée,

soit par la plume sur le papier glacé, soit par le stylet qui enlève le noir de fumée, diminue considérablement l'amplitude ; de plus si le frottement est un peu trop grand, l'appareil s'arrête, s'il est trop faible, on n'obtient rien ; il n'est pas de praticien qui, en prenant des tracés, ne se soit trouvé, plus d'une fois, en présence de ces inconvénients.

C'est qu'en effet le frottement de la tige inscrivante, si faible qu'il soit, n'est jamais une résistance négligeable ; cette force s'applique à l'extrémité du grand bras de lévier ; si on veut la rendre plus faible il faut raccourcir la tige, mais alors le tracé diminue d'amplitude ; ou bien si l'on augmente la longueur, la résistance s'accroît d'une quantité proportionnelle.

C'est cet inconvénient que nous avons voulu éviter, et nous y sommes parvenus en supprimant tout frottement à l'extrémité de la tige inscrivante ; il n'y a, en effet, jamais contact entre le papier et le levier, le tracé est pris à distance.

Nous obtenons donc ainsi, non seulement des tracés beaucoup plus grands que ceux qui sont fournis par les appareils ordinaires ; mais, de plus, n'importe qui, peut, dès la première fois, faire fonctionner l'appareil.

Description.

L'appareil se compose d'un châssis rectangulaire en cuivre, pouvant s'appliquer directement sur le bras ou *sur un point quelconque du corps*, sans qu'il y ait besoin d'aucun lien pour le fixer (1). Que si, dans certains

---

1. Cette disposition permet de prendre le tracé d'une artère quelconque située assez superficiellement ; de plus on n'a pas à craindre de modifier le cours de la circulation en appliquant des liens plus ou moins serrés.

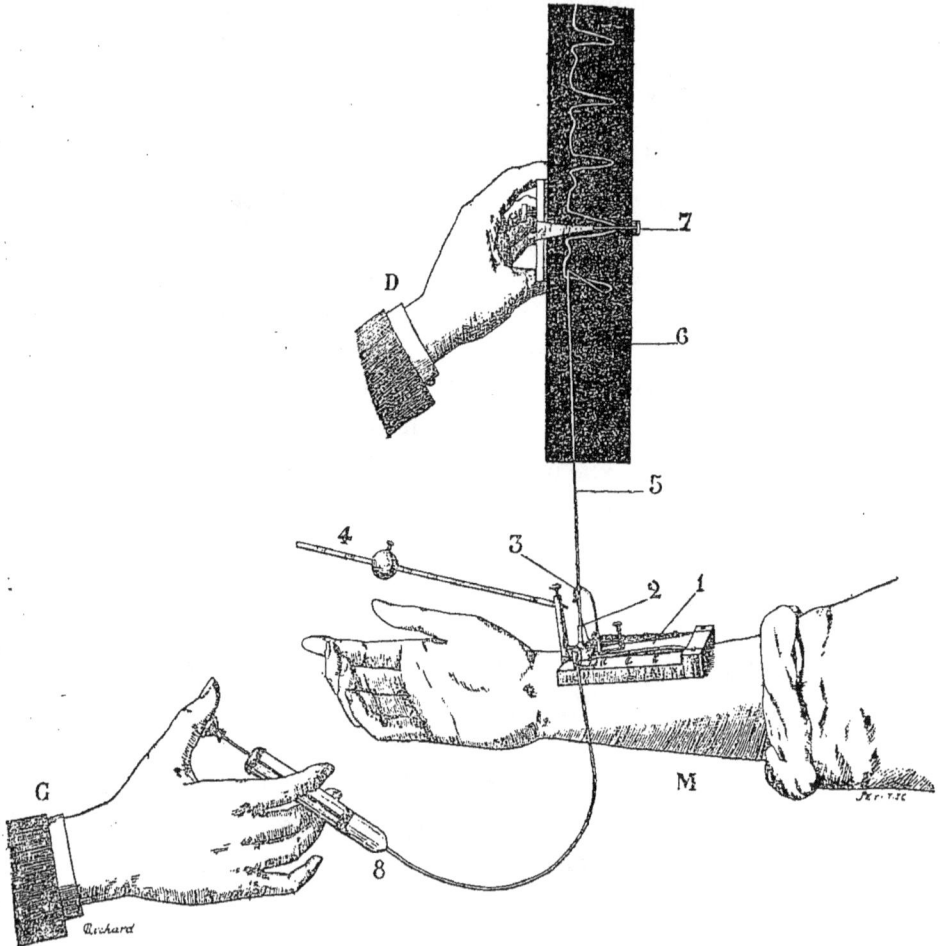

Fig. 1

D. Main gauche de l'opérateur tenant le mouvement d'horlogerie 7. — G. main droite de l'opérateur faisant passer un courant d'eau au moyen de la seringue 8, dans le levier mobile 5, qui se meut devant la feuille de papier 6, et enlève le noir de fumée là où l'eau frappe directement. — M. bras du malade sur lequel est appliqué l'appareil.

1, levier appuyant sur l'artère. — 2, tige sur laquelle est fixé le levier mobile traversé par le courant d'eau ; on peut le changer à volonté. — 3, extrémité du fil de soie qui communique le mouvement du premier levier au deuxième. — 4, poids mobile permettant d'exercer sur l'artère une pression variable et mesurée en grammes. — 5, tige mobile. — 6, papier recouvert de noir de fumée. — 7, mouvement d'horlogerie. — 8, seringue lançant l'eau dans le levier mobile.

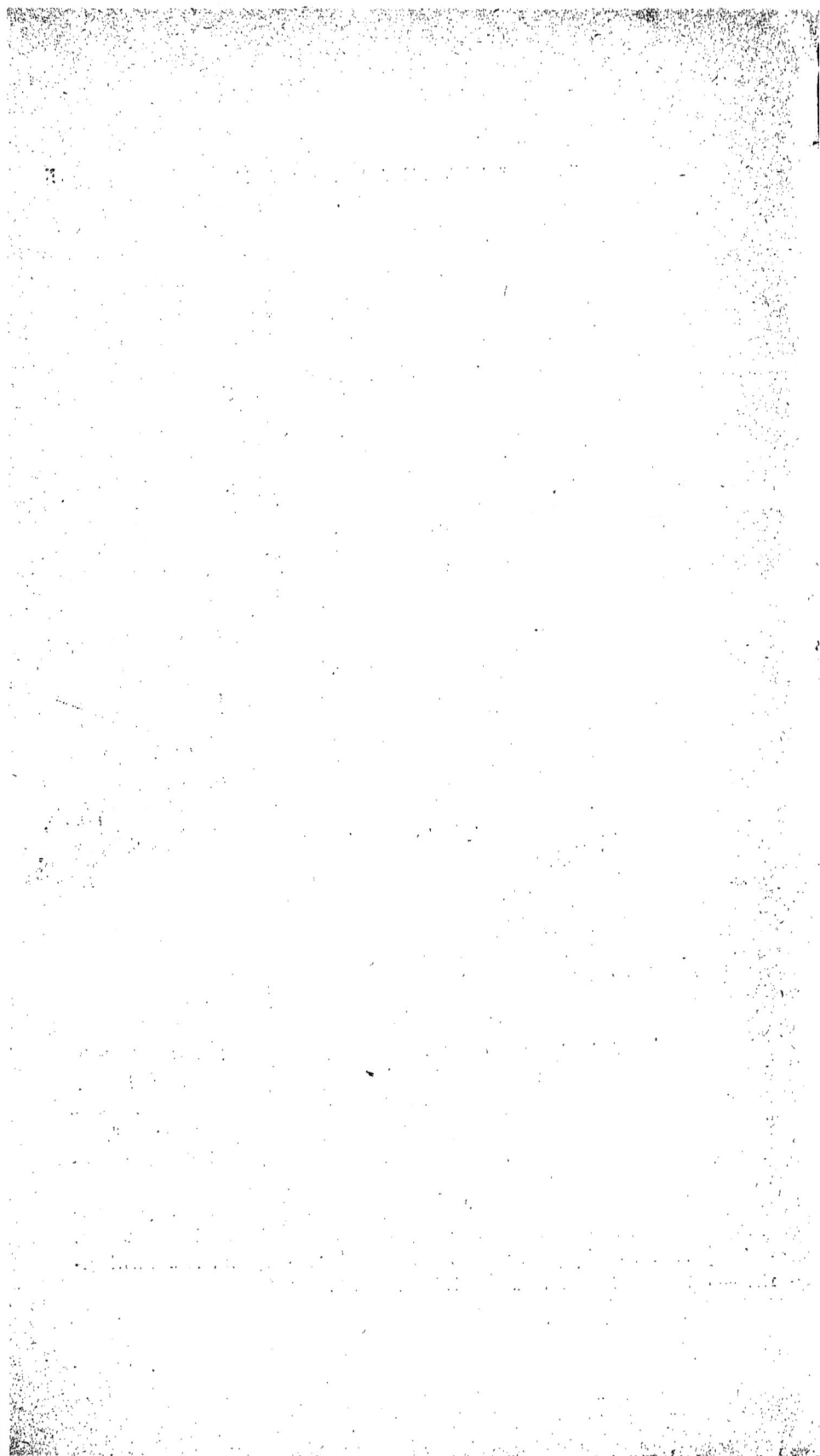

cas particuliers, il était nécessaire d'attacher l'appareil, trois crochets, situés de chaque côté, permettraient de placer rapidement un lien quelconque. A une des extrémités de ce châssis se trouve une petite balance romaine (1,4) ; sur une tige peuvent se mouvoir séparément quatre masses de cuivre, ayant des points différents ; la tige porte des graduations, qui permettent de mesurer aussitôt en grammes la pression exercée sur l'artère, nous reviendrons plus loin sur cette disposition.

L'artère en agissant entre le point fixe et le poids mobile, communique au levier un déplacement très faible, c'est ce déplacement qu'il s'agit d'amplifier au moyen du deuxième levier.

Une tige cylindrique horizontale est fixée un peu au-dessus du point du premier levier sur lequel agit l'artère ; et le mouvement du premier levier est transmis au deuxième par l'intermédiaire d'un fil de soie qui s'enroule sur la tige horizontale, de manière que si l'artère soulève le premier levier de n millimètres, la tige horizontale éprouve autour de son axe un déplacement angulaire de n millimètres.

Ce mouvement est transmis à la tige inscrivante, et son déplacement angulaire est le même ; il est évident que plus cette tige sera longue, plus grand sera l'axe décrit par son extrémité libre.

Une simple proportion donne ce déplacement : soit n le déplacement de la branche horizontale, r son rayon, R la longueur de la tige inscrivante, x le déplacement de son extrémité libre, on aura :

$$\frac{x}{n} = \frac{R}{r}$$

$$x = \frac{n \times R}{r}$$

c'est-à-dire que le déplacement x de la partie libre de la tige inscrivante est proportionnel à sa longueur, et en raison inverse du rayon de la tige horizontale.

La tige inscrivante se compose d'un tube de verre excessivement léger ; en bas il pénètre (2) dans un tube creux en cuivre qui se recourbe à angle droit, et sert d'axe de rotation à la tige horizontale ; en haut il se recourbe à angle droit et se termine par une ouverture capillaire : lors donc qu'on fera passer un courant d'eau, le tube de caoutchouc n'influera en rien sur le mouvement, puisqu'il est fixé au levier suivant son axe de rotation : ce tube de verre est excessivement léger, et il contient deux ou trois gouttes d'eau.

Pour le construire il suffit d'effiler à la lampe un tube de verre, et de le recourber ; n'importe qui peut en construire un lui-même. Un tube en aluminium donnerait des résultats identiques.

Le mouvement d'horlogerie est tenu à la main ; la feuille de papier recouverte de noir de fumée est entraînée par le mouvement de deux cylindres tournants ; le postérieur plein, l'antérieur évidé pour ne pas enlever le noir de fumée ; l'appareil marche pendant 3 minutes, et peut dérouler plus de 3 mètres de papier. En effet, les feuilles dont nous nous servons ont 18 centimètres de longueur, et elles mettent 10 secondes à passer devant le courant d'eau ; ce qui permet de trouver le nombre de pulsations à la minute ; il suffit de multiplier par 6 le nombre compté sur le papier.

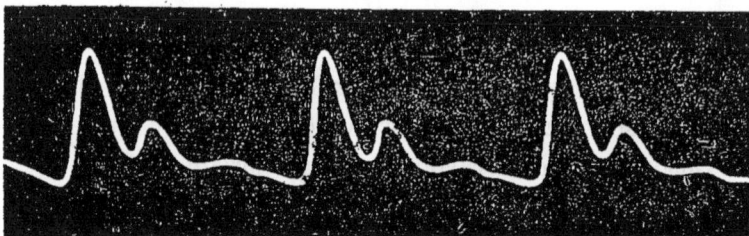

FIG. 2

Tracé pris à distance avec le sphygmographe décrit fig. 1.

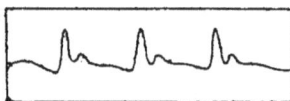

FIG. 3

Tracé obtenu par l'appareil portant la plume inscrivante.

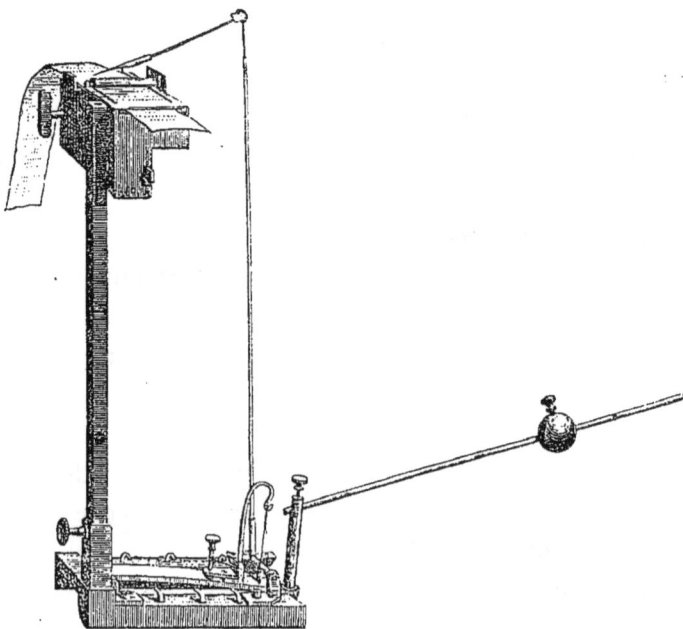

FIG. 4

Appareil portant la plume inscrivante.

Fonctionnement.

Pour se servir de l'appareil, on détermine d'abord le point précis où les battements de l'artère sont perçus avec le maximum d'intensité, et l'on applique le sphygmographe directement sur le bras, de manière que la petite masse d'ivoire appuie sur l'artère ; immédiatement le levier en verre se met en mouvement, on le règle de manière qu'il soit vertical sensiblement, car ce n'est nullement indispensable ; la pression est variable et mesurée d'après la position du poids mobile sur la balance romaine (4).

Lorsque le levier s'est mis en mouvement régulier, on fait passer le courant d'eau au moyen de la seringue : le jet peut facilement avoir une amplitude de 20 centimètres ; alors tenant le mouvement d'horlogerie de l'autre main, comme il est indiqué sur la *figure* 1 on approche le papier à une distance de quelques millimètres, 3 ou 4, de l'extrémité d'où jaillit le liquide, et le papier étant mis en mouvement, le noir de fumée n'est enlevé que là où l'eau frappe directement ; partout ailleurs elle prend la forme sphérique et tombe par terre ; un linge quelconque peut protéger, si l'on veut, le lit du malade.

Pour fixer le noir de fumée, il n'est nullement nécessaire d'employer le vernis photographique, qui, outre l'inconvénient de salir les doigts, ne peut être trouvé partout.

Il suffit de faire couler ou de vaporiser de l'éther sur le papier, le noir de fumée est aussitôt fixé ; cette méthode est fort avantageuse, ce liquide se trouve

dans toutes les maisons, et il s'évapore en quelques secondes, ce qui permet de renfermer immédiatement le
tracé.

Résultats.

Les tracés ainsi obtenus sont certainement moins
fins que ceux fournis par les autres appareils; mais ce
léger inconvénient est amplement compensé par la facilité avec laquelle se manie l'instrument et surtout par
l'amplitude considérable du tracé, comme l'indique la
figure 2. En effet, le tracé représenté sur la *figure* 3 a été
pris avec notre appareil au moyen d'une plume inscrivante analogue à celle du sphygmographe de Longuet ;
nous avions donné à l'instrument la disposition indiquée
dans la *figure* 4, et comme on peut le voir, le tracé obtenu, était infiniment plus petit.

De plus il n'y avait à redouter aucune cause d'erreur
venant du frottement de la tige inscrivante, puisque ce
frottement est supprimé.

Résumé.

Cet appareil offre donc les avantages suivants :

1° Facilité d'application ;

2° Il peut servir à prendre le tracé de toute artère
superficielle ;

3° Les tracés ont une amplitude beaucoup plus
grande;

4° Il est facile de les fixer par l'éther ;

5° Cette disposition peut s'appliquer à tout appa-

reil inscrivant : en effet, il arrive souvent dans les
cours de physiologie que l'on montre le mouvement de
la tige du sphygmographe à transmission de Marey ;
mais généralement ou le tracé n'est pas fixé à cause
des précautions trop grandes qu'il faut prendre, ou il
est si fin, que la plupart des auditeurs ne peuvent
l'apercevoir.

Supposons qu'on remplace cette lame par notre tige
en verre, on pourra immédiatement, devant tout le
monde, prendre un tracé, le fixer par l'éther, et de
suite le donner aux spectateurs.

II

HÉMODYNAMOMÈTRE

Notre appareil peut servir non seulement à prendre des tracés, mais encore il permet de mesurer, d'une façon très simple, la tension du sang.

Principe.

En effet, Poiseuille a démontré la loi suivante : « Quand « un tube élastique est parcouru par un courant li- « quide sous une certaine pression x, il faut, pour in- « terrompre le courant, une pression extérieure de x « millimètres, augmentée de la pression nécessaire pour « aplatir le tube s'il était vide ». Si cette dernière force est très faible, la pression intérieure peut être mesurée par la pression nécessaire pour interrompre le courant.

Conséquence.

C'est ce qui se présente chez l'homme.

Mais comment connaître le moment précis où le courant sanguin est interrompu ? Pour cela, on peut employer deux méthodes : ou bien placer l'index en aval du point où est placé le sphygmographe, et augmenter graduellement la pression, jusqu'au moment où les battements du pouls cesseront d'être perçus ; ou bien, se contenter simplement d'augmenter la pression jusqu'au moment où le levier vertical cessera d'osciller pour de - venir immobile ; il suffira de lire alors la pression en grammes sur la tige graduée.

Cette pression peut être convertie en centimètres de mercure ; en effet, cette pression P est égale au poids d'une colonne de mercure, ayant pour base la surface de la masse d'ivoire au contact de l'artère, et pour hauteur la quantité cherchée x :

$$P = S \times x \times 13,6$$

d'où
$$x = \frac{P}{S \; 13,6}$$

Or, si on suppose S constant, ce qui est sensiblement vrai, les quantités trouvées seront toujours comparables entre elles, et une table permettra de convertir en colonne de mercure les pressions trouvées en grammes avec l'appareil.

Cet appareil peut donc servir non seulement de sphygmographe, et donner des tracés beaucoup plus grands que ceux qui ont été obtenus jusqu'ici, mais encore il peut mesurer exactement la tension du sang, c'est-à-dire servir d'hémodynamomètre.

Imp. de l'Ouest, A. NÉZAN, Mayenne

163

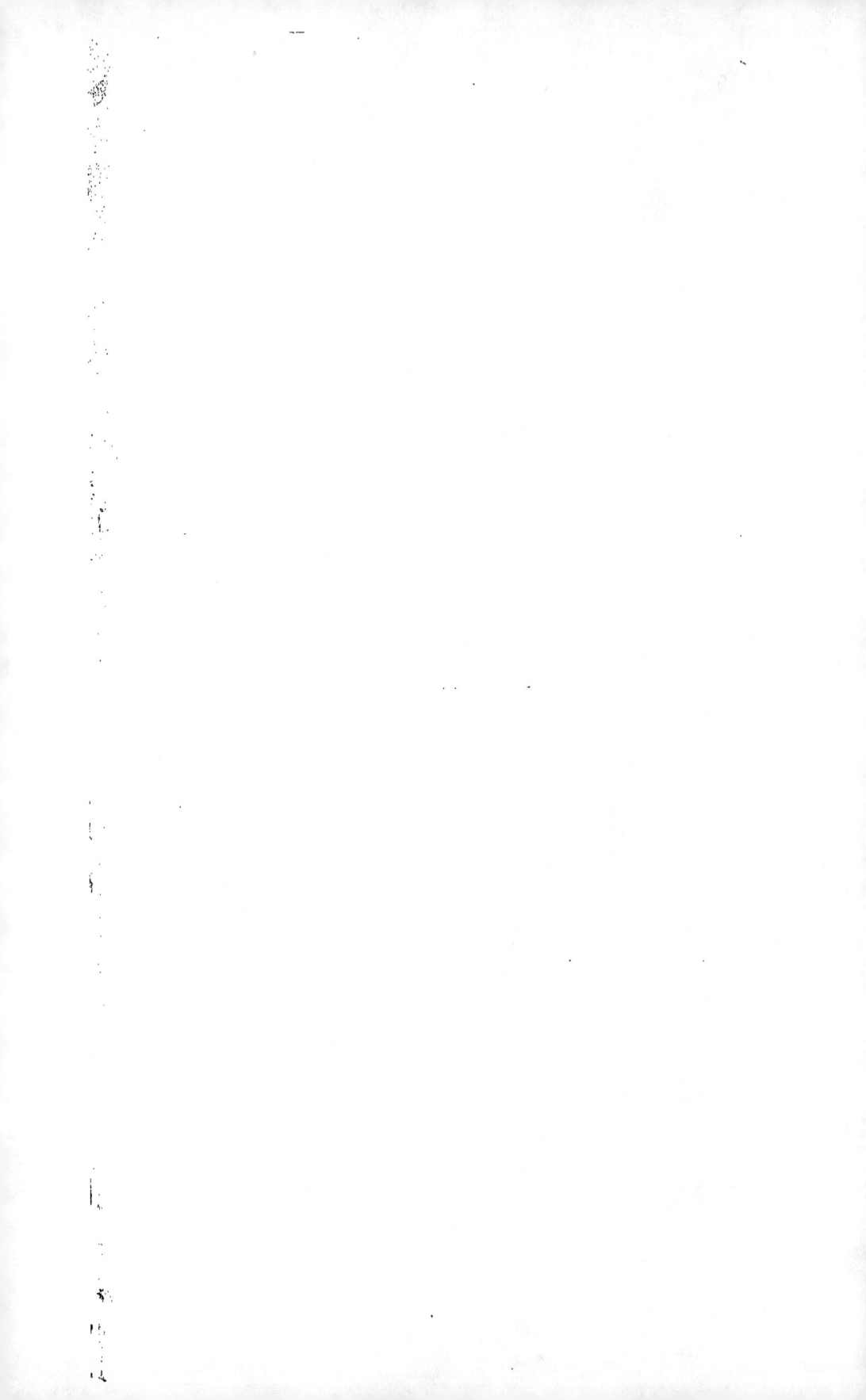

Imprimerie de l'Ouest, A. NÉZAN, Mayenne.

www.ingramcontent.com/pod-product-compliance
Lightning Source LLC
Chambersburg PA
CBHW050435210326
41520CB00019B/5940